BLV Dreipunkt-Buch

1001 Frühling im Wald
1002 Vögel in Garten und Park
1003 Bäume und Sträucher
1004 Pilze
1005 Pflanzen der Wiese
1006 Sommer im Feuchtgebiet
1007 Vögel im Wald
1008 Vogelnester, Vogeleier
1009 Pflanzen am Wegrand
1010 Früchte der Bäume und Sträucher
1011 Singvögel
1012 Greifvögel und Eulen
1013 Schmetterlinge
1014 Alpenblumen
1015 Gefährdete Pflanzen
1016 Heilpflanzen

Drei-
punkt-
Buch

finden
bestimmen
kennen

Singvögel

Die wichtigsten heimischen Arten

Text: Alfred Handel
Gesamtbearbeitung: Dorothee Eisenreich

Zweite Auflage

BLV Verlagsgesellschaft
München Wien Zürich

CIP-Kurztitelaufnahme der Deutschen Bibliothek

Singvögel: d. wichtigsten heim. Arten / Text: Alfred Handel. Gesamtbearb.: Dorothee Eisenreich. – 2. Aufl. – München; Wien; Zürich: BLV Verlagsgesellschaft, 1986.
(Drei-Punkt-Buch: Finden, bestimmen, kennen; 1011)
ISBN 3-405-13240-1

NE: Handel, Alfred [Mitarb.];
Eisenreich, Dorothee [Bearb.];
Drei-Punkt-Buch / Finden, bestimmen, kennen

Der **Kasten** neben der Überschrift
gibt jeweils von links nach rechts an:

Größe (im Vergleich, z.B. Amsel = so groß wie Amsel,
< Amsel = kleiner als, > Amsel = größer als Amsel),
Zugverhalten und Zeit der Anwesenheit,
Anzahl der Bruten und Brutzeit.

Z = Zugvogel; S = Standvogel; TZ = Teilzieher.

In den **Texten** bedeuten:
M = Merkmale; **V** = Vorkommen; **L** = Lebensweise;
B = Brutverhalten; ♂ = Männchen, männlich;
♀ = Weibchen, weiblich.

Wenn ♂ und ♀ verschieden aussehen, ist stets nur das ♂ abgebildet.

Drei-Punkt-Buch 1011

Satz und Druck: Appl, Wemding
Buchbinder: Ludwig Auer, Donauwörth

Printed in Germany · ISBN 3-405-13240-1

Inhalt

Einführung Seite 6

Schwalben Seite 8

Lerchen, Pieper, Stelzen Seite 10

Drosseln und drosselähnliche Vögel Seite 16

Drosselähnliche Kleinvögel Seite 22

Grasmücken und verwandte Arten Seite 32

Meisen und ähnliche Vögel Seite 40

Finken, Ammern, Sperlinge Seite 49

Register Seite 62

Einführung

Die Gruppe der Singvögel zu definieren, ist wissenschaftlich und populär nicht ohne Verallgemeinerung oder Vereinfachung möglich. Der Ornithologe (Vogelkundler) sieht in den Singvögeln eine Unterordnung (Oscines) der riesigen Ordnung der Sperlingsvögel (Passeriformes) mit bestimmten Merkmalen (komplexe Stimm-Muskulatur; bestimmte Zehenstellung; Nesthocker u. a.), wobei eine ganze Reihe von Ausnahmen vorkommen. Populär könnte man als kennzeichnendes Merkmal den Gesang anführen, stößt dabei allerdings auf die Schwierigkeit der Unterscheidung zwischen Rufen und echtem Gesang. Wesentlich und für den Laien interessant dürfte sein, daß der musikalisch komplexere Gesang grundsätzliche Bedeutung bei der Fortpflanzung hat. Die notwendige Revierabgrenzung, die Partnersuche und Partnerbindung werden über den Gesang gesteuert. Nur wenige Vögel singen deshalb außerhalb der Fortpflanzungszeit, während Rufe das ganze Jahr über Bedeutung haben (Warnruf, Kommunikationsruf u. a.). Das vorliegende Bändchen präsentiert die häufigsten heimischen Singvögel in knapper Form. Die beschriebenen Arten sind nach folgenden, nicht wissenschaftlichen Gruppen geordnet: Schwalben (1): schlanke Schnellflieger; Insektenfresser. Lerchen, Pieper, Stelzen (2): Bodenvögel; offenes Gelände; schlanker Schnabel und langer Schwanz; v. a. Insektenfresser. Drosseln und drosselähnliche Vögel (3): amselgroß; Wald und offenes Gelände; gute Sänger; v. a. Insektenfresser. Drosselähnliche Kleinvögel (4): sperlingsgroß; alle Landschaften; Familie der Drosseln u. a.; v. a. Insektenfresser. Grasmücken und verwandte Arten (5): unter Sperlingsgröße; alle Landschaften; v. a. Insektenfresser. Meisen und ähnliche Vögel (6): klein und lebhaft; Wälder, Parks und Gärten; Zweigturner; Insekten- und Körnerfresser. Finken, Ammern, Sperlinge (7): kurzer, kräftiger Schnabel; alle Landschaften; Körner- und Insektenfresser. Die ebenfalls zu den Singvögeln gehörenden Rabenvögel wurden aufgrund ihrer besonderen Erscheinungsform in den Band »Greifvögel, Eulen sowie Rabenvögel« derselben Reihe ausgegliedert.

Silhouetten
zum Erkennen der Vogelgruppen

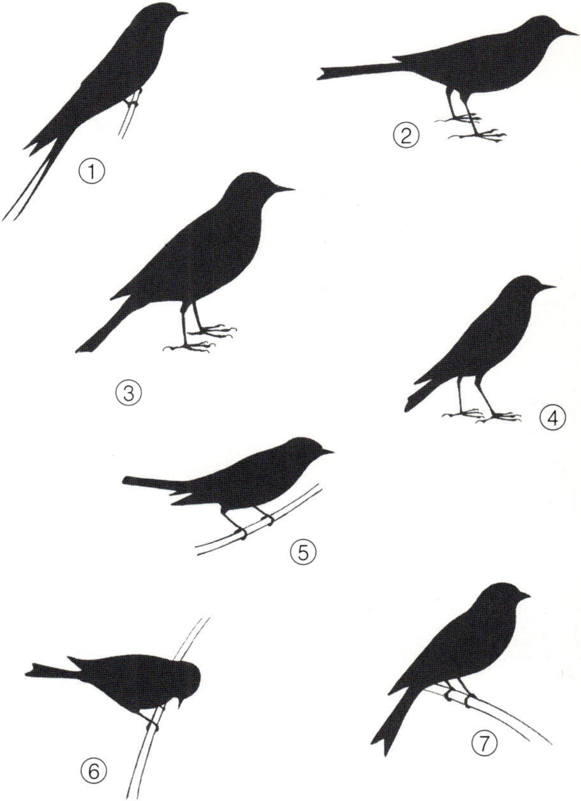

Rauchschwalbe

Hirundo rustica

Sperling	Z/IV–X	2/V–VII

M Die Art kennzeichnen lange Schwanzspieße, eine metallisch glänzende, dunkelblaue Oberseite und eine rahmgelbe Unterseite. **V** Rauchschwalben fliegen im offenen Kulturland, in Dörfern und Randbezirken von Städten. Sie bevorzugen Gewässernähe. **L** Im schnellen, oft segelnden Flug werden Fluginsekten erbeutet. Die Vögel fliegen dabei oft tief in Boden- oder Gewässernähe. Oft sitzen sie auf Drähten oder Dächern. **B** In Ställen und anderen Gebäuden mit Einflugmöglichkeiten wird ein napfförmiges Lehmnest meist an die Wandoberkante geklebt. Nach ca. 15 Tagen Brutzeit schlüpfen 4–6 Junge, die von beiden Eltern ca. 3 Wochen gefüttert werden.

Mehlschwalbe

Delichon urbica

< Sperling	Z/VI–X	2/VI–VIII

M Die mehlweiße Unterseite und der kennzeichnende, weiße Bürzel kontrastieren stark zur blauschwarzen Oberseite. Der Schwanz ist schwach gegabelt. Die in Sand- und Lehmwänden nistende Uferschwalbe, *Riparia riparia*, unterscheidet sich von der Art durch eine braune Oberseite und ein braunes Brustband. **V** Die Vögel sind in Dörfern, in Kleinstädten und in den Alpen anzutreffen. **L** In flatterndem Flug werden – oft in großer Höhe – Insekten gejagt. **B** Das kugelrunde Lehmnest wird unter Dachrinnen, Hausvorsprünge oder an Felsen angeklebt. In 14–16 Tagen werden 3–6 Eier von beiden Eltern ausgebrütet. Die Jungvögel bleiben 20–30 Tage im Nest.

Haubenlerche

Galerida cristata

Sperling	S	2/IV–VI

M Eine lange Kopfhaube, ein kurzer Schwanz und eine sandbraune, schwach gestreifte Oberseite kennzeichnen den bei uns recht seltenen Vogel. Auffallend sind auch die gelbbraunen Schwanzaußenfedern. **V** Haubenlerchen bevorzugen als Lebensraum trockenes Grasland, sind jedoch auch an Feld- und Straßenrändern heimisch. **L** Der Vogel sitzt und singt sehr gerne am Boden; gelegentlich wird der Gesang auch von einer niederen Warte aus oder im Flug vorgetragen. **B** In der Regel wird ein gut getarntes Bodennest gebaut. Selten werden auch Böschungen und Steinmauern als Nistplatz angenommen. Brutzeit 12–14 Tage, 3–5 Junge, Nestlingszeit 9–11 Tage.

Feldlerche

Alauda arvensis

> Sperling	TZ	2/IV–VI

M Kopf mit kurzem, abgerundetem Schopf. Oberseite braun, Brust dunkel gestreift, die Schwanzaußenkanten weiß. Der kleineren Heidelerche, *Lullula arborea,* fehlen die weißen Schwanzkanten; deutliche, weiße Überaugenstreifen kennzeichnen den Kopf. **V** Man kann Feldlerchen in allen offenen Landschaften beobachten. **L** Der Vogel läuft schnell und geduckt. Der Gesang wird beim Auffliegen und im stehenden Rüttelflug vorgetragen. Danach folgt ein gleitender Sinkflug (oft auch mit Gesang) oder ein jähes Herabfallen. **B** Im Bodennest schlüpfen nach 10–14 Tagen 3–5 Junge. Von beiden Eltern gefüttert, verlassen sie das Nest nach 14–18 Tagen.

Baumpieper

Anthus trivialis

Sperling	Z/IV–X	2/V–VII

M Die Oberseite des schwer bestimmbaren Vogels ist braun mit schwärzlichen Streifen. Im Brustbereich der rahmfarbenen Unterseite sind kräftige, schwarze Streifen, die auch die Flanken markieren. Auffallend sind auch der gelbliche Überaugenstreif und die rötlichen Beine. **V** Baumpieper bewohnen v. a. Waldränder, Lichtungen und Hänge mit Baum- und Buschbestand. **L** Kennzeichnend für den Vogel ist sein kurzer Singflug, der von einer hohen Warte – meist eine Baumspitze – zum Boden führt. Baumpieper sitzen auffallend häufig auf Baumspitzen. **B** Gut versteckt im hohen Gras wird am Boden ein Nest gebaut. Brutzeit 12–14 Tage, Nestlingszeit 12–13 Tage.

Wiesenpieper

Anthus pratensis

Sperling	TZ	2/IV–VII

M Vom nebenan beschriebenen Baumpieper unterscheidet sich diese Art neben dem Gesang durch die olivfarbene Oberseite, die hellere Brust, die bräunlichen Beine und den weißlichen Überaugenstreif. **V** Der Wiesenpieper bevorzugt offene Feuchtbiotope, wie Moore, Sümpfe und Ödland. **L** Im Gegensatz zum Baumpieper sitzt der Wiesenpieper gerne in Bodennähe und nur selten auf Bäumen. Sein Singflug beginnt in der Regel am Boden. **B** Meist zwischen Grasbüscheln versteckt, werden im gut getarnten Bodennest 4–5 Eier gelegt. Nach ca. 14tägiger Brutzeit schlüpfen die Jungen und verlassen nach weiteren 10–14 Tagen das Nest ohne Flugfähigkeit.

Schafstelze

Motacilla flava

Sperling	Z/III–X	1/V–VI

M Der schlanke, langschwänzige Vogel ist mit seiner leuchtend gelben Unterseite sehr auffallend. Von der ebenfalls gelbbäuchigen Gebirgsstelze, *Motacilla cinerea,* unterscheidet ihn der olivgrüne Rücken (bei der Gebirgsstelze blaugrau!). Kinn und Überaugenstreif weiß. Auffallend ist das häufige Schwanzwippen. **V** Lebensräume der Stelze sind Ufer von Fließgewässern, Sümpfe, Moore und Heiden. **L** Die Vögel durchsuchen mit schnellem Trippelgang den Boden nach Kleingetier. Teilweise werden Insekten auch in kurzem, flatterndem Flug erhascht. **B** Im offenen Gelände wird ein Bodennest gebaut. 5–6 Junge, Brutzeit ca. 14 Tage, Nestlingszeit 10–13 Tage.

Bachstelze

Motacilla alba

Sperling	Z/II–XI	2/IV–VI

M Die Bachstelze ist die bekannteste einheimische Stelze. Im Brutkleid sind Kopf, Kehle, Brust und Nacken schwarz gefärbt. Stirn, Wangen und Bauch sind weiß, der Rücken grau. Nach der Brut sind Kehle und Brust weiß, letztere mit schwarzem Band. V Bachstelzen leben am Wasser oder in weiterer Gewässernähe. Bevorzugt wird waldfreie Kulturlandschaft. L Die Vögel suchen v.a. am Boden nach Insekten. Sie bewegen sich dabei schnell trippelnd und wippen dazu oft mit dem Schwanz. B In der Wahl des Nistplatzes sind die Stelzen nicht sehr wählerisch. In Halbhöhlen oder Löchern von Gebäuden, Bäumen o.ä. werden in 12–14 Tagen 5–6 Eier ausgebrütet.

Amsel

Turdus merula

bekannt	S	2–3 III–VII

M Das ♂ dieser allbekannten Art ist schwarz; Schnabel und Augenring sind leuchtend orangegelb; ♀ dunkelbraun mit etwas hellerer Unterseite; Kehlbereich leicht gefleckt; Schnabel braun. **V** Amseln sind in Wäldern, Gärten und Parks anzutreffen. **L** Die Vögel suchen sehr häufig auf dem Boden hüpfend nach Nahrung. Diese besteht z. B. aus Regenwürmern, die mit großem Kraftaufwand aus dem Boden gezogen werden, aber auch aus Insekten und Früchten. Morgens und abends singen Amseln gern von hoher Warte. **B** Nest in Hecken, Büschen und Mauernischen; 4–7 Eier, Brut- und Nestlingszeit ca. 14 Tage.

Wacholderdrossel

Turdus pilaris

> Amsel	Z/III–IX	1–2 IV–VI

M Kopf und Bürzel dieser Drossel sind hellgrau, der Rücken ist kastanienbraun. Kehle und Brust sind rostgelb, schwarz gefleckt und gestreift; der Bauch ist einfarbig hell. **V** Die Wacholderdrossel ist ein typischer Vogel der offenen Kulturlandschaft mit Büschen, Bäumen und angrenzendem Wald. **L** Man kann die Vögel meist gesellig bei der Nahrungssuche beobachten. Wiesen, Weiden und Waldränder werden nach Kleingetier abgesucht. Bei Störung fliegt der Schwarm mit lautem Schäckern ab. Im Spätsommer werden Beeren und Früchte bevorzugt. **B** Die Brut erfolgt in Kolonien, meist auf höheren Bäumen. 4–6 Junge, Brut- und Nestlingszeit ca. 14 Tage.

Singdrossel

Turdus philomelos

<Amsel	Z/II–IX	2/IV–VI

M Von den hier beschriebenen Drosseln (S. 16, 17 u. 19) ist die Singdrossel am kleinsten. Der braune Rücken steht in Kontrast zur gelblich-rahmfarbenen Brust, die mit kleinen, schwarzen Flecken übersät ist. Der Bauch ist weiß. **V** Die Art bewohnt Parks und Wälder, z.T. auch große Gärten. **L** Wie bei allen Drosseln wird die Nahrung am Boden gesucht. Sehr geräuschvoll wird dabei Laub umhergeschleudert, um Würmer, Schnecken und anderes Kleingetier aufzustöbern. Der Gesang wird meist von einer Baumspitze vorgetragen. **B** In Bäumen oder Büschen wird ein kunstvolles Nest gebaut, in dem das ♀ in ca. 14 Tagen 4–6 Eier ausbrütet. Nestlingszeit 12–16 Tage.

Misteldrossel

Turdus viscivorus

> Amsel	Z/II–IX	1/III–V

M Die größte einheimische Drossel hat eine graubraune Oberseite und eine gelblich-weiße Unterseite mit dichter, schwarzbrauner Fleckung. Die Spitzen der Schwanzaußenfedern sind weißlich. **V** Die Misteldrossel bevorzugt geschlossene Waldgebiete. Zunehmend ist sie auch in größeren Parkanlagen und Feldgehölzen anzutreffen. **L** Der Vogel fällt am Boden bei der Nahrungssuche durch seine sehr aufrechte Haltung auf. Meist wird die Nahrung (Würmer, Kerbtiere) auf Waldlichtungen und Waldrandwiesen gesucht. Im Herbst werden Beeren bevorzugt. **B** Das Nest wird meist in Astgabeln von Bäumen angelegt. 4–6 Eier. Brut- und Nestlingszeit 14 Tage.

Star

Sturnus vulgaris

< Amsel	Z–TZ II–IX	1–2 IV–VI

M Der knapp amselgroße Vogel hat ein glänzend schwarzes Gefieder. Je nach Lichteinfall tritt ein bronzegrüner oder purpurfarbener Schimmer auf. Schwanz kurz, Schnabel lang und sehr spitz. Letzterer ist im Frühjahr gelb, im Herbst dunkelbraun. **V** Stare bewohnen Kulturland, Wälder, Gärten, Parks und Feldgehölze. **L** Die Vögel treten oft in Schwärmen auf, die v.a. im Herbst tausende Vögel umfassen können. Die Nahrung (Kerbtiere, Würmer) wird am Boden gesucht; die Vögel schreiten dabei. Gesang variantenreich. **B** Als Höhlenbrüter nehmen die Vögel Spechthöhlen, Nistkästen und Mauernischen an. 4–6 Eier, Brutzeit 13–15 Tage, Nestlingszeit ca. 3 Wochen.

Pirol

Oriolus oriolus

Amsel	Z/V–IX	1/V–VI

M Körper und Kopf des ♂ sind leuchtend gelb, Flügel und Schwanz schwarz. Letzterer ist im äußeren Spitzenbereich ebenfalls gelb. Das ♀ ist gelbgrün mit dunkel olivgrünen Flügeln und Schwanz. Die Unterseite weißgrau, dunkel gestreift. **V** Pirole sind Kronenbewohner verschiedener Laubwälder. **L** Bei seinen »Turnübungen« auf der Jagd nach Insekten ist der Vogel nur schwer zu beobachten. Dem Kenner verrät er sich eher durch seinen flötenden Gesang oder die eichelhäherähnlichen Warnrufe. **B** Das Hängenest wird sehr hoch an einer waagrechten Astgabel befestigt. Nach 14–16 Tagen Brutzeit schlüpfen 3–4 Junge, die 14–17 Tage im Nest bleiben.

Nachtigall

Luscinia megarhynchos

> Sperling	Z/IV–X	1/V–VI

M Der mythenreiche Vogel hat eine einfarbig braune Oberseite und eine weißlich-braune Unterseite; Schwanz rotbraun. Der zum Verwechseln ähnliche Sprosser, *Luscinia luscinia,* unterscheidet sich von der Nachtigall durch die etwas dunklere Farbe und die braun gewölkte Brust. **V** Dichte, unterholzreiche Wälder sind ideale Lebensräume für die Nachtigall. **L** In aufrechter Haltung durchstöbert der Vogel den Boden des Unterholzes. Der berühmte Gesang wird bei Tag und bei Nacht vorgetragen. Der Vogel sitzt dabei im Unterholz oder auf der Spitze eines Busches. **B** Das Nest wird am Boden oder in der Krautschicht versteckt. 4–6 Eier, Brutzeit 13 Tage, Nestlingszeit 12 Tage.

Rotkehlchen

Erithacus rubecula

< Sperling	TZ	2/IV–VII

M Der insgesamt rundlich wirkende Vogel ist durch seine rote Vorderbrust und Gesicht kaum zu verwechseln. Rücken olivbraun, Bauch weißlich. Die Augen des dämmerungsaktiven Vogels sind recht groß. **V** Wie die Nachtigall kommt auch das Rotkehlchen in sehr unterholzreichen Wäldern vor. **L** Die Art ist hin und wieder auf der Nahrungssuche im Unterholz zu beobachten. Immer wieder mit Schwanz und Flügel zuckend, sucht das Rotkehlchen den Boden nach Kleingetier ab. Der perlende Gesang wird häufig in der Dämmerung vorgetragen. **B** Nest in Halbhöhlen, Wurzelnischen, Mauerlöchern oder Bodenvertiefungen. 5–7 Eier, Brutzeit 14 Tage.

Gartenrotschwanz

Phoenicurus phoenicurus

Sperling	Z/IV–X	2/V–VII

M Beim ♂ sind Gesicht und Kehle schwarz, die Stirn weiß. Die Oberseite ist grau, Brust und Flanken sind rostrot. Das ♀ ist oben graubraun, unten gelbbraun. Beide haben rostroten Bürzel und Schwanz. **V** Wälder, Waldränder, Parks und Gärten. **L** Der Vogel ist ein Ansitzjäger; sehr häufig kann man ihn beobachten, wie er z.B. von einem Zaunpfahl aus, fliegende oder am Boden laufende Insekten fängt. Typisch für beide Rotschwanzarten (s. auch S.25) ist häufiges Schwanzzittern und Knicksen. **B** Das Nest wird in Halbhöhlen, wie Baumnischen, Fels- und Mauerlöchern u.a., angelegt. 5–7 Eier werden in 12–14 Tagen ausgebrütet; Nestlingszeit 13–16 Tage.

Hausrotschwanz

Phoenicurus ochruros

Sperling	Z/III–XI	2/IV–VI

M Das ♂ dieser Art ist rußschwarz mit weißem Flügelspiegel, Bürzel und Schwanz sind rostrot. Das ♀ ist unscheinbar dunkel graubraun; Schwanz und Bürzel sind ebenfalls rostrot. **V** Hausrotschwänze sind in Städten, Dörfern, an Felshängen und in Weinbergen anzutreffen. Ursprünglich sind sie Felsenbewohner. **L** Meist fällt der Vogel auf, wenn er sein gepreßt wirkendes Liedchen von einem Hausgiebel oder einer Dachrinne aus vorträgt. In den Gesangspausen zeigt er das typische Schwanzzittern und Knicksen. **B** Als Nistgelegenheit werden alle Halbhöhlen ausgenutzt. 4–6 Eier, Brut- und Nestlingszeit ca. 14 Tage.

Steinschmätzer

Sperling	Z/III–X	1/V–VI

Oenanthe oenanthe

M Der wenig bekannte Vogel ist im ♂ Geschlecht recht auffallend gefärbt. Bürzel und Schwanzseiten weiß; Schwanzende und Schwanzmitte schwarz. Im Brutkleid hat das ♂ einen blaugrauen Rücken, schwarze Binden durch das Auge und eine rahmgelbe Unterseite. Im Ruhekleid ist es rahmfarben bräunlich und ähnelt dann dem ♀. **V** Der Vogel bewohnt Moore, Brachflächen, Felsen und Dünen. **L** Steinschmätzer huschen rastlos durch ihr Revier, bleiben dabei immer in Bodennähe. Typisch sind Knicksen und langsames Schwanzschlagen. **B** Das Nest wird in Erdlöchern, Kaninchenbauten oder auch Steinhaufen versteckt. 4–6 Eier, Brut- und Nestlingszeit 14 Tage.

Braunkehlchen

Saxicola rubetra

< Sperling	Z/IV–X	1/V–VI

M Der stark im Bestand bedrohte Vogel wirkt untersetzt und kurzschwänzig. Beim ♂ Oberseite, Wangen und Scheitel stark gestreift. Ohrregion nach oben und unten durch einen weißen Überaugenstreif bzw. Kehlstreif begrenzt. Kehle, Brust und Flanken sind kräftig rahmgelb. Das ♀ ist heller mit gelblichem Augenstreif. Das nah verwandte Schwarzkehlchen, *Saxicola torquata,* unterscheidet sich durch schwarzen Kopf und Kehle und breite, weiße Halsflecken. **V** Wiesen, Sümpfe und andere offene Geländeformen. **L** Sitzt gern auf Halmen oder Zäunen; wippt mit Flügeln und Schwanz. **B** Baut Bodennest; Gelege besteht aus 4–7 Eiern. Brut- und Nestlingszeit 13–15 Tage.

Grauschnäpper

Muscicapa striata

< Sperling	Z/IV–IX	1/V–VI

M Gefiederfarbe unscheinbar aschgrau. Scheitel, Kehle und Brust sind dunkelgrau gestreift. Auffallend ist die aufrechte Körperhaltung und das häufige Flügel- und Schwanzzucken. **V** Die Art ist in Gärten, Parks, an Waldrändern und in lichten Laubwäldern anzutreffen. **L** Der recht ungesellige Vogel ist gegenüber dem Menschen meist nicht sehr scheu. Von einem freien Sitzplatz (Fangwarte) aus macht er Jagd auf fliegende Insekten. **B** Das Nest wird an oder in Gebäuden angelegt. Oft dienen Dachvorsprünge, Mauerlöcher oder Wandbewuchs als Versteck. Das Gelege enthält 4–6 Eier; die Jungen schlüpfen nach 12–15 Tagen und bleiben dieselbe Zeit im Nest.

Trauerschnäpper

Ficedula hypoleuca

< Sperling	Z/IV–IX	1/V–VI

M Im Brutkleid sind beim ♂ Kopf und Oberseite schwarz bis graubraun. Stirn, Unterseite, Flügelfleck und Schwanzseiten sind weiß. Das ♂ im Ruhekleid ähnelt dem ♀, das durch eine olivbraune Oberseite und eine rahmweiße Bauchseite charakterisiert ist. **V** Der Trauerschnäpper lebt in Laub- und Mischwäldern, aber auch in Parks, Gärten und Feldgehölzen. **L** Wie der nebenan beschriebene Grauschnäpper ist auch diese Art ein Ansitzjäger. Oft werden Insekten aber auch am Boden aufgelesen. **B** Trauerschnäpper nisten bei uns überwiegend in Nistkästen, aber auch in Baumhöhlen. Nach 12–17 Tagen schlüpfen 4–7 Junge, die 13–16 Tage im Nest bleiben.

Heckenbraunelle

Prunella modularis

< Sperling	TZ	2/IV–VII

[M] Die dunkelbraune Oberseite geht im Halsbereich in Schiefergrau über. Mit Ausnahme des braunen Scheitels und der braunen Ohrregion ist der gesamte Kopf grau. Die Unterseite ist ebenfalls schiefergrau, die Flanken dunkel gestreift. [V] Man begegnet der Art in Gärten, Laub- und Mischwäldern, Parks und Gebüschen. [L] Heckenbraunellen bewegen sich langsam und ausschließlich im Schutz von Unterholz und Gebüsch. Kennzeichnend ist häufiges Flügelzucken. Der Gesang wird meist von hoher Warte vorgetragen. [B] Die 4–5 Jungen schlüpfen nach 14tägiger Brutzeit in einem gut versteckten Nest in Bodennähe von Dickichten. Nestlingszeit 12–14 Tage.

Zaunkönig

Troglodytes troglodytes

< Sperling	S	2/IV–VII

M Mit seiner rundlichen Gestalt, den großen Augen und dem aufgestellten Stummelschwanz wirkt der kleine, quicklebendige Vogel recht possierlich. Die Färbung ist dunkelbraun, an den Flügeln, den Flanken und am Schwanz erkennt man dunkle Querbänder. **V** Dichte, schattige und feuchte Dickichte in Wäldern, Parks und Gärten. **L** Durchstöbert das Unterholz nach Insekten und anderen Kerbtieren. Seine blitzschnelle und huschende Fortbewegung macht eine längere Beobachtung fast unmöglich. Gesang laut und schmetternd. **B** Im kugelförmigen, in Bodennähe versteckten Nest werden 5–7 Junge aufgezogen. Brut- und Nestlingszeit 14–18 Tage.

Klappergrasmücke

Sylvia curruca

< Sperling	Z/IV–X	1/V–VI

M Der Vogel ist relativ kurzschwänzig und hat eine graue Oberseite, die sich im Ohrbereich fast zu Schwarz intensiviert. Die Unterseite ist cremeweiß. **V** Man findet Klappergrasmükken in Wäldern, Parks und Gärten, aber auch in Buschrainen des offenen Geländes. **L** Der recht heimliche Vogel ist nur schwer zu entdecken, da er nur selten das schützende Dickicht verläßt. Meist ist seine Anwesenheit nur durch den klappernden Gesang oder durch ein leises »Schwätzen« zu bemerken. **B** Das Nest wird in Bodennähe, selten über Mannshöhe, angelegt. In dichter Deckung brüten beide Partner in 11–15 Tagen 3–5 Eier aus. Nestlingszeit 10–15 Tage.

Mönchsgrasmücke

Sylvia atricapilla

< Sperling	Z/III–XI	1/IV–VI

M Der Name der Art leitet sich von der einer Mönchshaube gleichenden, schwarzen Kopfplatte des ♂ ab. Beim ♀ ist diese rotbraun. Oberseite bei beiden Geschlechtern graubraun, Kopfseiten und Unterseite grau. Beim ♀ ist die Unterseite bräunlich. **V** Mönchsgrasmücken benötigen dichtes Unterholz; sie bewohnen Wälder, Parks und Gärten. **L** Obwohl recht häufig, ist die Art, wie auch die anderen Grasmücken, nur schwer zu beobachten. Ihre Anwesenheit im Unterholz, das sie nach Insekten absucht, macht sich dem Kenner eher durch den zwitschernden, z. T. flötenden Gesang deutlich. **B** Nest in Bodennähe; nach 10–16 Tagen schlüpfen 4–5 Junge.

Gartengrasmücke

Sylvia borin

< Sperling	Z/IV–X	1–2 V–VII

M Der Vogel ist einfarbig grau, an der Unterseite hell. Bezeichnende Merkmale fehlen bei dieser Grasmücke völlig. Die auffallendere Dorngrasmücke, *Sylvia communis,* hingegen hat rostfarbene Flügel, einen langen Schwanz mit weißen Außenfedern, eine graue (♂) bzw. bräunliche (♀) Kopfkappe und eine weiße Kehle. **V** Man findet die Gartengrasmücke im Unterholz der Wälder und in buschreichem Freiland. **L** Meist verrät nur der im Unterholz vorgetragene Gesang – ein sehr langes volltönendes Flöten – den heimlichen Vogel. **B** Nistet in Büschen, Gestrüppen und Hecken. Das bodennahe Nest enthält 3–5 Eier; Brutzeit 11–16 Tage, Nestlingszeit 9–12 Tage.

Zilpzalp

Phylloscopus collybita

< Sperling	Z/III–X	1–2 IV–VII

M Der Vogel hat eine olivbraune Oberseite und eine sehr helle, oft gelbliche Unterseite. Die Beine sind schwärzlich, ein Überaugenstreif ist angedeutet. **V** Die Art lebt in lichten, unterholzreichen Wäldern, in Gärten und Parks. **L** Der Vogel ist meist rastlos im Unterholz unterwegs, um Insekten, Spinnen und andere Kerbtiere aufzustöbern. Sehr häufig schlägt er mit den Flügeln und dem Schwanz. Das unregelmäßig vorgetragene »Zilp zalp zilp zalp ...« hat zur Namensgebung geführt. **B** In Hecken, Dickichten, Feldgehölzen und Stauden wird in Bodennähe ein backofenförmiges Nest mit seitlichem Eingang gebaut. 4–6 Eier, Brut- und Nestlingszeit 13–15 Tage.

Gelbspötter

Hippolais icterina

< Sperling	Z/IV–IX	1/V–VI

M Der kräftige Spötter hat eine grüngraue Oberseite mit deutlichem, hellem Fleck auf den Flügeln. Die Unterseite ist gelblich, die Beine blaugrau. Der recht lange Schnabel ist oben dunkler als unten. **V** Der Art begegnet man in unterholzreichen Wäldern, Gärten und Parks. **L** In den dichten Laubkronen seines Reviers werden Insekten gejagt. Sein Gesang besteht aus abwechslungsreichen Motiven, die immer wieder auch Gesangsteile anderer Singvögel enthalten (Name!). **B** Im oberen Bereich von Büschen und kleineren Bäumen wird ein Napfnest in Astgabeln aufgehängt. Das Gelege enthält 4–5 Eier, die in 12–14 Tagen ausgebrütet werden. Nestlingszeit 13–14 Tage.

Feldschwirl

Locustella naevia

< Sperling	Z/IV–X	2/V–VII

M Auffallendes Kennzeichen dieses Vogels ist die olivbraune, deutlich gestreifte Oberseite. Im Gegensatz dazu ist die gelblich-weiße Unterseite nur schwach gestrichelt. Schwanz stark gerundet. **V** Bewohnt den Unterwuchs in Sümpfen, Auwäldern und Heiden. Manchmal ist der Vogel auch in Fichtenschonungen anzutreffen. **L** Die sehr heimliche Lebensweise läßt eine direkte Beobachtung kaum zu. Der Vogel fliegt nur ungern; üblicherweise schlüpft er durch die Bodenvegetation. Gesang ist ein monotones Schwirren eines Tones. **B** Im bodennahen Nest werden 4–6 Jungvögel in 13–15 Tagen ausgebrütet; Nestlingszeit 10–12 Tage.

Teichrohrsänger

Acrocephalus scirpaceus

< Sperling	Z/IV–X	1/V–VI

M Der Vogel ist oben einfarbig braun, an der Unterseite weißlich mit gelbbräunlichen Flanken. Vom verwandten Drosselrohrsänger, *Acrocephalus arundinaceus,* unterscheidet er sich in erster Linie durch die geringere Größe und den kaum ausgeprägten Überaugenstreif. Das sicherste Bestimmungskriterium ist der unterschiedliche Gesang. **V** Beide Arten sind Bewohner der Schilfregion an Gewässern. **L** Meist sitzt der Vogel an Schilfhalmen, an denen er auch gut klettert. Ausdauernder Gesang mit oft wiederholten, krächzenden Lauten. **B** Nistet in lockeren Kolonien. Das Nest mit 3–5 Eiern wird an senkrechten Halmen befestigt. Brutzeit 11–12 Tage.

Sumpfrohrsänger

Acrocephalus palustris

< Sperling	Z/V–IX	1/VI–VII

M Von den nebenan beschriebenen Rohrsängern nur schwer zu unterscheiden. Rücken hier olivbraun, Beine fleischfarben. **V** Im Gegensatz zu Teich- und Drosselrohrsänger ist diese Art kein Röhrichtbewohner, sondern v. a. in wassernaher Staudenvegetation heimisch. Auch Felder und Gebüsche in Wassernähe werden akzeptiert. **L** In dichter Deckung sucht der Vogel nach Insekten. Auch sein wohltönender Gesang, der eine große Zahl von Singvögeln imitiert, wird von versteckter Warte aus vorgetragen. **B** Sumpfrohrsänger bauen Hängenester, die an Halmen oder Stengeln befestigt werden. Nach 12 Tagen schlüpfen 3–5 Junge; Nestlingszeit 10–14 Tage.

Wintergoldhähnchen

Regulus regulus

< Sperling	TZ	Z/V–VII

M Beide bei uns heimischen Goldhähnchen sind die kleinsten heimischen Vögel. Das Wintergoldhähnchen ist vom Sommergoldhähnchen, *Regulus ignicapillus,* durch den fehlenden Überaugenstreif zu unterscheiden. Oberseite olivgrün, Unterseite weißlich grau (Sommergoldhähnchen heller!). **V** Bewohnen Nadel- und Mischwälder. **L** Bei der Jagd nach kleinen Insekten betätigen sich Goldhähnchen als geschickte Turnkünstler, sind jedoch nur schwer zu beobachten. Gesang ein leises »Sih-sih-sih« mit unterschiedlicher Tonhöhe. **B** Im Hängenest werden in 14–17 Tagen 8–11 Eier ausgebrütet; Nestlingszeit 18–21 Tage.

Schwanzmeise

Aegithalos caudatus

< Sperling	S	1–2 III–VI

M Die unverkennbare Art ist durch ihren extrem langen, gestuften Schwanz und das schwarz-weiß-rosarote Gefieder gekennzeichnet. Es gibt 2 Rassen. **V** Schwanzmeisen sind in unterholzreichen Laub- und Mischwäldern, in Parks und Obstgärten heimisch. **L** Die Vögel turnen bei der Suche nach Insekten v.a. in den Spitzenbereichen der Zweige und sind deshalb oft gut zu beobachten. Der lange Schwanz bildet hierbei eine wichtige Balancierhilfe. Bilden nach der Brut kleine Trupps. **B** Das eiförmige, kunstvoll verflochtene Nest wird in Zweigen aufgehängt. Im Innern schlüpfen nach 12–14 Tagen 8–12 Junge; Nestlingszeit 14–18 Tage.

Sumpfmeise

Parus palustris

< Sperling	S	1/IV–VI

M Kopfplatte, Nacken und der Kinnbereich sind bei dieser Meise glänzend schwarz gefärbt. Wangen und Unterseite grauweiß, im Flankenbereich bräunlich getönt. Der Rücken ist graubraun. **V** Bewohnt Laubwälder, Parks, Gärten und Hecken. **L** Auf der Jagd nach Insekten durchstreift die Sumpfmeise den Baum- und Buschbestand ihres Lebensraums. Immer wieder läßt sie ihre »Pistja«-Rufe oder ihren klappernden Gesang hören. Im Winter schließen sich die Vögel meist zu zweit Meisenschwärmen an. **B** Als Nistplatz werden Baumhöhlen, selten auch Nistkästen genutzt. Das ♀ brütet in 13–17 Tagen 6–10 Eier aus. Nestlingszeit 16–21 Tage.

Blaumeise

Parus caeruleus

< Sperling	S	1/IV–VI

M Unter den Meisen ist die Blaumeise unverwechselbar. Scheitel, Schwanz und Flügel hellblau, die Unterseite gelb. Über dem weißen Wangenfleck zieht ein schwarzer Strich durch das Auge. Der Rücken ist grünlich. **V** Man findet Blaumeisen in Laub- und Mischwäldern, sehr häufig in Gärten, Parks und in Feldgehölzen. **L** Diese Meise ist ein artistischer Turner, der auf der Suche nach Insekten oft auch kopfunter an Zweigen hängt. Im Winter ist sie fast immer auch in Meisenschwärmen anzutreffen. **B** Die 7–13 Eier werden in Spechthöhlen oder Nistkästen in 12–16 Tagen vom ♀ ausgebrütet. Es wird dabei vom ♂ gefüttert. Nestlingszeit 15–20 Tage.

Kohlmeise

Parus major

Sperling	S	1/III–V

M Unter den einheimischen Meisen ist diese Art die größte und bekannteste. Am glänzend schwarzen Kopf heben sich die weißen Wangen deutlich ab. Die gelbe Unterseite wird durch einen schwarzen Mittelstreifen zweigeteilt; der Rücken ist grünlich, Flügel und Schwanz sind blaugrau. V Neben allen Waldtypen bewohnt die Kohlmeise v.a. menschennahe Lebensräume wie Gärten und Parks. L Auf der Suche nach Insekten und Sämereien turnt sie geschickt an den Zweigen kommt aber auch häufig auf den Boden. B In Baumhöhlen oder auch Nistkästen schlüpfen nach 10–14tägiger Brutzeit 6–12 Junge; Nestlingszeit 15–22 Tage.

Tannenmeise

Parus ater

< Sperling	S	2/III–VII

M Der schwarze Kopf mit den weißen Wangen ähnelt der Kopffärbung bei der Kohlmeise, allerdings zeigt der Nacken hier einen weißen Fleck. Die Unterseite weißlich mit rahmfarbenen Flanken, die Oberseite olivgrau mit doppelter weißer Flügelbinde. **V** Bevorzugt werden Nadelwälder; außerhalb der Brutzeit auch in Gärten und Parks. **L** Die Tannenmeise sucht Rinde und Blätter nach kleinen Insekten ab. Wie die anderen Meisen zeigt sie ein beachtliches Klettergeschick. **B** Als Nistplatz wird meist eine bodennahe Baumhöhle in Baumstümpfen oder auch ein Erdloch gewählt. Nach 14–18 Tagen schlüpfen 6–10 Junge, die 18–20 Tage im Nest bleiben.

Haubenmeise

Parus cristatus

< Sperling	S	1–2 III–VII

[M] Typisch für diese Meise ist die schwarzweiß gesprenkelte Kopfhaube. Kopfseiten weiß; ein schwarzer Strich zieht durch das Auge. Oben ist der Vogel graubraun, unten weiß mit rahmfarbenen Flanken. [V] Der Lebensraum der Haubenmeise beschränkt sich auf Nadel- und Mischwälder. In Gärten und Parks selten. [L] Man kann den Vogel oft bei der Nahrungssuche an Baumstämmen beobachten. Sorgfältig wird die Rinde nach kleinen Insekten abgesucht. [B] In morschen Bäumen oder Baumstrünken wird häufig eine Höhle selbst gezimmert. Das Gelege besteht aus 5–9 Eiern, die 15–18 Tage bebrütet werden. Die Jungen bleiben 18–21 Tage im Nest.

Gartenbaumläufer

Certhia brachydactyla

< Sperling	S	1/IV–VI

M Vom nah verwandten Waldbaumläufer, *Certhia familiaris,* ist diese Art nur schwer zu unterscheiden. Beide zeichnen sich durch einen langen gebogenen Schnabel aus. Oberseite braun, Flankenbereich beim Gartenbaumläufer deutlich brauner als beim Waldbaumläufer. Weißer Überaugenstreif beim Waldbaumläufer deutlicher. **V** Wälder, Parks und Gärten mit großen Bäumen. Meidet allerdings dichte Wälder. **L** Klettert in kleinen Sprüngen und meist spiralig an Stämmen hoch. Der Schwanz bildet dabei eine wichtige Stütze. **B** Nistet hinter abstehender Rinde, in Baumspalten oder Nistkästen. 5–7 Eier, Brut- und Nestlingszeit ca. 15 Tage.

Kleiber

Sitta europaea

Sperling	S	1/IV–VI

M Schnabel kräftig und spitz; Scheitel und Oberseite blaugrau, Unterseite rahmgelb mit kastanienbraunen Flanken. Über den weißen Wangen läuft ein schwarzer Streifen durch das Auge. **V** Kleiber bewohnen Laub- und Mischwälder, Gärten und Parks. **L** Kennzeichnendes Verhaltensmerkmal ist die Fähigkeit, auch mit dem Kopf voran stammabwärts zu klettern. Der Schwanz wird nicht als Stütze benutzt. Klopft mit dem Schnabel Nüsse und Sämereien auf. **B** Nistet in verlassenen Spechthöhlen, deren Eingang mit Lehm auf kleineren Durchmesser zugeklebt wird (Name!). 5–9 Eier, Brutzeit 14–18 Tage, Nestlingszeit ca. 24 Tage.

Girlitz

Serinus serinus

< Sperling	Z/III–X	2/IV–VII

M Wichtigste Merkmale dieses kleinen Vogels sind der kleine, kegelförmige Schnabel und der gelbe Bürzel. Oberseite und Flanken dunkelbraun gestreift. Kehle und Brust beim ♂ gelb, beim ♀ grüngelb bis grau. **V** Girlitze sind in Parkanlagen, Gärten, an Waldrändern und in offener Kulturlandschaft heimisch. **L** Oft fällt der Vogel auf, wenn er von hoher Warte sein lang andauerndes, sirrendes Lied vorträgt. Hin und wieder kann man ihn auch beim Singflug – ein senkrechtes Aufsteigen mit kreisenden Abwärtsbahnen – beobachten. **B** In dichtem Gebüsch oder in Bäumen wird ein Napfnest gebaut. Das Gelege enthält 3–5 Eier; Brut- und Nestlingszeit ca. 14 Tage.

Buchfink

Fringilla coelebs

Sperling	TZ	1–2 IV–VII

M Beide Geschlechter sind beim wohl bekanntesten Fink durch eine doppelte weiße Flügelbinde und durch weiße äußere Steuerfedern gekennzeichnet. Das ♂ ist unten und im Gesicht rotbraun, oben kastanienbraun, Oberkopf und Nacken sind blau. **V** Alle Lebensräume mit Baum- und Buschbestand. **L** Auf der Suche nach Sämereien ist der Fink oft am Boden anzutreffen. Während der Brutzeit besteht die Nahrung überwiegend aus Insekten. Sein schmetternder Gesang spielt im Vogelkonzert eine dominierende Rolle. **B** Das Napfnest wird in 2–10 m Höhe gebaut. Nach 12–13tägiger Brutzeit schlüpfen 4–6 Junge; Nestlingszeit 12–15 Tage.

Bergfink

Fringilla montifringilla

Sperling	Z/X–IV	–

M Brust und Schulterfleck des ♂ sind orangefarben; Kopf, Nacken und Vorderrücken im Winter bräunlich, im Frühjahr und Sommer schwarz. Das ♀ ist blasser mit braungeflecktem Rükken und aschgrauen Halsseiten. Beide Geschlechter haben einen weißen Bürzel. **V** In Buchenwäldern mit reichlicher Mast, aber auch in Gärten, Parks und auf Wiesen und Äckern anzutreffen. **L** Der nordeuropäische Vogel tritt bei uns als Wintergast auf, z.T. in riesigen Schwärmen. Sommeraufenthalt und Brut sind extrem selten. Die Vögel ernähren sich bei uns v.a. von Bucheckern und Knospen. **B** In seiner nordischen Heimat wird das Nest in Birken gebaut. 5–7 Eier, Brut 11–13 Tage.

Grünling

Carduelis chloris

Sperling	S	2–3 IV–VIII

M Das ♂ ist insgesamt olivgrün, am Bürzel gelbgrün. An den Flügeln und am Schwanz fallen die gelben Flügelspiegel bzw. die gelben Schwanzsäume besonders gut auf. Das ♀ ist matter, eher graugrün gefärbt. Der helle Schnabel ist sehr kräftig. **V** Den bekannten Vogel findet man in Gärten, Parks und an Waldrändern. **L** Grünfinken sind im Winter häufige Gäste am Futterhaus und dort wegen ihrer Unverträglichkeit nicht sehr beliebt. Der kanarienähnliche Trillergesang wird von hoher Warte oder im fledermausartigen Balzflug vorgetragen. **B** Im gut in Büschen versteckten Nest brütet das ♀ in 12–15 Tagen 4–6 Junge aus. Sie werden 14–17 Tage im Nest gefüttert.

Hänfling

Carduelis cannabina

< Sperling	TZ	2/IV–VII

M Stirn und Brust des ♂ sind im Brutkleid leuchtend rot. Der Rücken ist kastanienbraun, Schwingen und Schwanz sind weiß gesäumt. Unterseits gelbbraun, dunkel gestreift. Außerhalb der Brutzeit ist der ganze Kopf grau, die Brust weniger rot. Dem ♀ fehlen rote Gefiederbereiche. **V** Hänflinge bevorzugen offenes Gelände mit Buschbestand. **L** Der gesellige Vogel bildet außerhalb der Brutzeit meist kleine Schwärme zur Nahrungssuche. Sein variantenreiches Lied mit pfeifenden und nasalen Lauten wird meist von erhöhter Warte aus vorgetragen. **B** In dichten Hecken oder Büschen wird ein Nest mit 4–6 Eiern angelegt. Brut- und Nestlingszeit 12–15 Tage.

Stieglitz

Carduelis carduelis

< Sperling	TZ	1–2 V–VIII

M Auffallendste Merkmale dieses recht bunten Vogels sind die schwarz-gelb gezeichneten Flügel und der schwarz-weiße Kopf mit der roten Gesichtsmaske. Der Rücken ist braun, im Bürzelbereich weiß. **V** Stieglitze sind im offenen Kulturland, in Parks, Gärten und Obstgärten heimisch. **L** Der Vogel klettert bei der Suche nach Sämereien geschickt an Stauden und Zweigen; v.a. Distelsamen werden sehr gerne gefressen. Außerhalb der Brutzeit werden kleine Schwärme gebildet, um die Nahrungssuche zu optimieren. **B** Nest hoch in Bäumen oder Büschen im Spitzenbereich der Zweige. 4–6 Eier werden in 12–14 Tagen ausgebrütet. Nestlingszeit 2 Wochen.

Zeisig

Carduelis spinus

< Sperling	TZ	1–2 III–VI

M Das ♂ ist olivgrün mit schwarzem Kinn und Scheitel. Bürzel, Flügelbinden und ein Streif hinter dem Auge sind leuchtend gelb. Wie auch beim insgesamt graueren ♀ sind Rücken und Flanken dunkel gestreift. **V** Nadelwälder, Birken- und Erlengehölze, Parks und Gärten. **L** Die Art brütet in unseren Breiten relativ selten. Häufiger kann man den Vogel im Winter beobachten; meist bilden sich kleine Schwärme, die v. a. Erlenwälder nach Sämereien absuchen. Der Vogel zwitschert fast unentwegt. **B** Das Nest mit 3–5 Eiern wird im oberen Bereich von Fichten angelegt. Die Jungen schlüpfen nach 12 bis 14 Tagen und verlassen das Nest nach derselben Zeit.

Kernbeißer

Coccothraustes coccothraustes

> Sperling	S/TZ	1/IV–VI

M Der Vogel wirkt sehr kräftig und gedrungen. Sein mächtiger Schnabel, der kurze Schwanz mit den weißen Spitzen und die blauschwarzen Flügel mit den weißen Binden kennzeichnen ihn eindeutig. Der Rücken ist braun, die Unterseite hellbraun. Das ♀ ist insgesamt heller. **V** Nur Lebensräume mit hohen Bäumen, wie alte Laubwälder, Parks und alte Gärten sagen dem Vogel zu. **L** Da sich die scheuen Vögel v. a. in den Baumkronen aufhalten, ist eine längere Beobachtung kaum möglich. Ihr kräftiger Schnabel erschließt ihnen als Nahrungsquelle größere Samen (z. B. Steinobstsamen). **B** Nest in Baumwipfeln. 4–6 Eier, Brut- und Nestlingszeit 12–14 Tage.

Gimpel

Pyrrhula pyrrhula

Sperling	S	1–2 IV–VII

[M] ♂ und ♀ sind bei dieser Art deutlich zu unterscheiden: Die Unterseite des ♂ ist leuchtend rot, die des ♀ rotbraun. Beide Geschlechter haben eine schwarze Kopfkappe, einen grauen Rücken, weißen Bürzel und schwarzen Schwanz. [V] Gimpel sind in Wäldern, Parks, Gärten und im Buschgelände anzutreffen. [L] Die recht heimlichen Vögel bilden das ganze Jahr über feste Paare, die auch fast immer gemeinsam unterwegs sind. Als Lautäußerung ist meist ein einfacher Pfeifton zu hören; der einfache Gesang besteht nur aus aneinandergereihten pfeifenden Tönen. [B] Das Nest wird in dichten Fichten oder Hecken angelegt. Nach 12–14tägiger Brutzeit schlüpfen 4–6 Junge.

Goldammer

Emberiza citrinella

Sperling	TZ	2/IV–VII

M Kopf und Unterseite des ♂ sind leuchtend zitronengelb. Die Oberseite ist braun mit deutlicher Streifung, die auch die Flanken mit einbezieht. Am dunklen Schwanz fallen beim Fliegen die weißen Außenränder auf. Das ♀ ist insgesamt weniger gelb. **V** Goldammern sind typische Vögel der buschbestandenen Feldflur. **L** In der Brutzeit sind Goldammern sehr reviertreu, im Winter schließen sie sich gern gemischten Vogelschwärmen an. Der hübsche Gesang wird meist von hoher Warte aus vorgetragen. **B** Der Vogel nistet in Bodennähe in Gebüschen, aber auch in Schonungen und an Waldrändern. 3–5 Eier; Brut- und Nestlingszeit ca. 2 Wochen.

Rohrammer

Emberiza schoeniclus

Sperling	TZ	2/IV–VII

M Im Brutkleid sind beim ♂ Kopf und Kehle schwarz und durch einen weißen Halsring vom dunkelbraunen Rücken abgegrenzt. Die Unterseite ist grauweiß. Im Ruhekleid ist der Halsring nicht erkennbar. Beim ♀ Kopf braun, schwarzweißer Bartstreif und gelbbraune Unterseite. **V** Rohrammern bewohnen Röhrichte, Gewässerränder mit Buschbestand und Feuchtwiesen. **L** Die Vögel sitzen gerne an Schilfhalmen. Oft kann man das ♂ beobachten, wie es, schräg am Schilfhalm sitzend, seinen variablen Gesang vorträgt. **B** Nest am Boden oder in niedrigem Gebüsch. Die 4–6 Jungen schlüpfen nach 12–14 Tagen, Nestlingszeit ca. 2 Wochen.

Haussperling

Passer domesticus

bekannt	S	2–3 IV–VIII

M Der allbekannte Spatz ist im ♂ Geschlecht durch eine dunkelgraue Kopfplatte, einen dunkelbraunen Nacken, eine schwarze Kehle und weiße Wangen gekennzeichnet. Oberseite und Flügel sind braun. Das ♀ ist graubraun und ohne auffallende Merkmale. **V** Kommt ausschließlich in der Nähe menschlicher Siedlungen vor. **L** Spatzen sind gesellige Vögel, die das ganze Jahr über in kleinen Schwärmen auftreten. Ihr unaufhörliches Schilpen gehört zum Klangbild jedes Dorfplatzes. Sie nehmen pflanzliche Nahrung und Insekten zu sich. **B** Als Brutplätze werden Mauerlöcher, Spalten unter Dachrinnen, Gebäudenischen u. a. genutzt. 4–6 Eier, Brutdauer 11–13 Tage.

Feldsperling

Passer montanus

bekannt	S	2/IV–VIII

M Im Gegensatz zum nebenan beschriebenen Haussperling sind hier beide Geschlechter gleich gefärbt. Vom Haussperling unterscheiden diese Art die dunkelbraune Kopfplatte und die dunklen »Ohrenschützer« im Bereich der weißen Wangen. **V** Feldsperlinge bevorzugen Feldgehölze in der Nähe menschlicher Siedlungen; stellenweise aber auch in Dörfern. **L** Die in Trupps herumstreunenden Vögel suchen in Hecken, auf freiem Feld und z. T. an Waldrändern nach Insekten, Sämereien, Knospen und anderer pflanzlicher Nahrung. **B** Höhlenbrüter. Das Gelege besteht aus 4–6 Eiern, die in 11–14 Tagen ausgebrütet werden. Nestlingszeit ca. 2 Wochen.

Register

Deutsche Namen

Ammer, Gold- 58
Rohr- 59
Amsel 16
Baumläufer, Garten- 47
Braunkehlchen 27
Drossel, Mistel- 19
Sing- 18
Wacholder- 17
Feldschwirl 37
Fink, Berg- 51
Buch- 50
Gelbspötter 36
Gimpel 57
Girlitz 49
Goldhähnchen, Winter- 40
Grasmücke, Garten- 34
Klapper- 32
Mönchs- 33
Grünling 52
Hänfling 53
Heckenbraunelle 30
Kernbeißer 56
Kleiber 48
Lerche, Feld- 11
Hauben- 10
Meise, Blau- 43
Hauben- 46
Kohl- 44
Schwanz- 41
Sumpf- 42
Tannen- 45
Nachtigall 22
Pieper, Baum- 12
Wiesen- 13
Pirol 21
Rohrsänger, Sumpf- 39
Teich- 38
Rotkehlchen 23
Rotschwanz, Garten- 24
Haus- 25
Schnäpper, Grau- 28
Trauer- 29
Schwalbe, Mehl- 9
Rauch- 8
Sperling, Feld- 61
Haus- 60
Star 20
Steinschmätzer 26
Stelze, Bach- 15
Schaf- 14
Stieglitz 54
Zaunkönig 31
Zeisig 55
Zilpzalp 35

Wissenschaftliche Namen

Acrocephalus palustris 39
- scirpaceus 38
Aegithalos caudatus 41
Alauda arvensis 11
Anthus pratensis 13
- trivialis 12
Carduelis cannabina 53
- carduelis 54
- chloris 52
- spinus 55
Certhia brachydactyla 47
Coccothraustes coccothraustes 56
Delichon urbica 9
Emberiza citrinella 58
- schoeniclus 59
Erithacus rubecula 23
Ficedula hypoleuca 29
Fringilla coelebs 50
- montifringilla 51
Galerida cristata 10
Hippolais icterina 36
Hirundo rustica 8
Locustella naevia 37
Luscinia megarhynchos 22
Motacilla alba 15
- flava 14
Muscicapa striata 28
Oenanthe oenanthe 26
Oriolus oriolus 21

Parus ater 45
- caeruleus 43
- cristatus 46
- major 44
- palustris 42
Passer domesticus 60
- montanus 61
Phoenicurus ochruros 25
- phoenicurus 24
Phylloscopus collybita 35
Prunella modularis 30
Pyrrhula pyrrhula 57
Regulus regulus 40
Saxicola rubetra 27
Serinus serinus 49
Sitta europaea 48
Sturnus vulgaris 20
Sylvia atricapilla 33
- borin 34
- curruca 32
Troglodytes troglodytes 31
Turdus merula 16
- philomelos 18
- pilaris 17
- viscivorus 19

Bildnachweis:

Arndt: 37; Beyer: 45; Danegger: 42, 43, 51, 52, 56, 57; Diedrich: 15, 26, 33, 34; Limbrunner: 12, 18, 31, 38, 41, 50; Moosrainer: 24, 32, 54, 55; Plucinski: 44, 53; Pott: 61; Quedens: 11, 13, 40, 49, 59, 60; Schmidt: 2, 20, 36, 58; Schrempp: 21, 29; Siebrasse: 8; Synatzschke: 22; Wothe: 39; Zeininger: 9, 10, 14, 16, 17, 19, 23, 25, 27, 28, 30, 35, 46, 47, 48.

Titelbild: Manfred Danegger
Grafik: Barbara v. Damnitz
Layout: Anton Walter